墙面造型及选材图典

悠闲田园

理想·宅 编

化学工业出版社
·北京·

田园风的居室能够使人具有回归自然的感觉，舒适、轻松，非常适合压力比较大的人。本书将田园风格的墙面设计作为主要内容，侧重于讲解作为家居重点的墙面选材以及造型设计方面的知识，使人可以轻松掌握田园风格的特点，具有案例丰富、新颖、参考性强的特点。书中精选了国内明星室内设计师的数百个最新案例，并对每一张图片都作了详细的材料标注。此外，书中还涵盖了装修技巧以及选材方面的小知识，均为多位资深设计师在实际装修中归纳整理的心得，可以为广大读者提供非常有价值的装修参考。

图书在版编目(CIP)数据

墙面造型及选材图典．悠闲田园 / 理想·宅编．--
北京：化学工业出版社，2014.6
ISBN 978-7-122-20364-9

Ⅰ．①墙… Ⅱ．①理… Ⅲ．①住宅－墙面装修－室内装饰设计－图集②住宅－墙面装修－装修材料－图集
Ⅳ．①TU767-64

中国版本图书馆CIP数据核字(2014)第071565号

责任编辑：王　斌　林　俐　　　　装帧设计：骁毅文化

出版发行：化学工业出版社（北京市东城区青年湖南街13号　邮政编码100011）
印　　装：北京瑞禾彩色印刷有限公司
710mm×1000mm　1/12　印张 11　字数：250千字　2014年6月北京第1版第1次印刷

购书咨询：010-64518888（传真：010-64519686）　售后服务：010-64518899
网　　址：http://www.cip.com.cn
凡购买本书，如有缺损质量问题，本社销售中心负责调换。

定　　价：39.80元

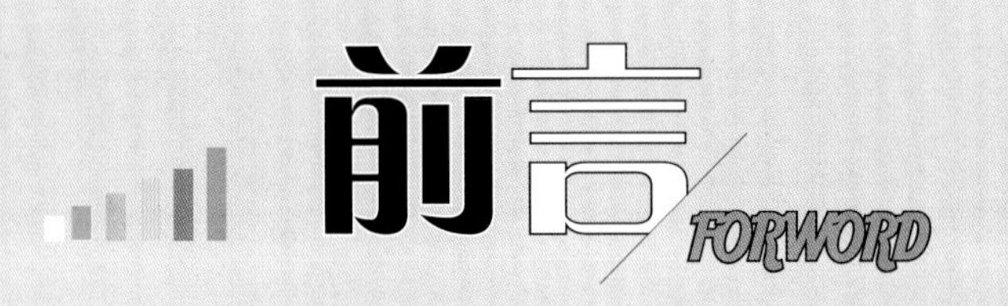

每个家居空间的设计，都需要有一个侧重点，主次搭配才能够创造出协调、舒适的视觉效果，若面面俱到未免会让人觉得拥挤、烦闷，恰当的留白是设计的一大原则。在建筑的几大界面地面、墙面、顶面中，多数家庭会将墙面作为装饰设计的重点，这样的方式不仅适用于经济型的装修，对于豪华型风格也同样适用。

墙面的设计有几大构成元素：色彩、造型以及材质，这三个元素中色彩是给人留下第一印象的要素，而造型以及材质的选择起着引领性的作用，同时也决定着居室的风格。相对应的，不同的装饰风格有着不同的代表造型及材质，掌握了代表性的元素就意味着可以轻松地塑造出想要的风格。

《墙面造型及选材图典》丛书总结了以往的分类及现有的流行趋势，分为现代时尚、清新简约、经典复古、悠闲田园四种风格，详细地讲解每种风格的经典造型设计以及材料的搭配，使初学者也能够轻松地塑造出具有代表性的家居风格，书中以图文结合的方式对每张图片进行解说，并搭配相应类型的小知识。

本系列图书分为四个分册：《现代时尚》、《清新简约》、《经典复古》、《悠闲田园》。每个分册按风格分类，融合客厅、餐厅、玄关、卧室及书房四部分空间。

参与本书编写的有：叶萍、邓丽娜、杨柳、穆佳宏、张蕾、刘团团、王力宇、陈思彤、李小丽、黄肖、王军、李子奇、于兆山、蔡志宏、刘彦萍、邓毅丰、张志贵、刘杰、李四磊、孙银青、肖冠军。

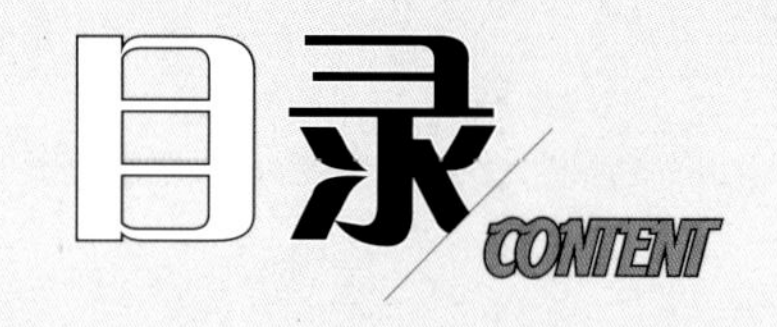

第一章　客 厅

第二章　餐 厅

第三章　玄关·过道

第四章　卧室·书房

墙面造型及选材图典 / 悠闲田园

第一章 客厅

田园风格是指采用具有“田园”风格的建材进行装修的一种方式。简单地说就是以田地和园圃特有的自然特征为形式手段，带有一定程度农村生活或乡间艺术特色。之所以称为田园风格，是因为田园风格表现的主题往往贴近自然，并且可以展现朴实生活的气息。田园风格最大的特点就是朴实、亲切、实在。表现在客厅中，通常墙面造型都比较简单，选材多以天然类材质以及带有植物或花朵图案的材料为主。

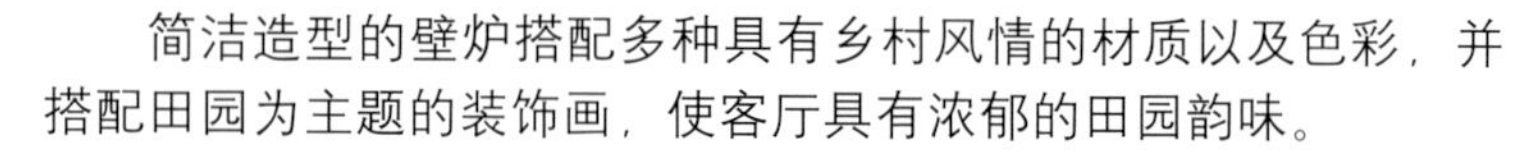
简洁造型的壁炉搭配多种具有乡村风情的材质以及色彩，并搭配田园为主题的装饰画，使客厅具有浓郁的田园韵味。

蓝白结合的条纹壁纸犹如蓝天与白云，搭配一张带有做旧感的同色系木椅以及白色的木柜茶几，清新而又淳朴。

TIPS：田园风格的分类及特点（1）

英式田园墙面多采用乳胶漆及壁纸，家具多以奶白象牙白等白色为主，并用高档的桦木、楸木等做框架，造型优雅，线条细致，还采用高档油漆处理，使英式田园风格居室散发着从容淡雅的生活气息，又兼具清纯脱俗的气质。

中式田园风格的基调是丰收的金黄色，尽可能选用木、石、藤、竹、织物等天然材料装饰。软装饰上常有藤制品，有绿色盆栽、瓷器、陶器等。其特点是在室内造型、选材等方面，吸取传统装饰"形"、"神"的特征，去掉多余的雕刻，糅合现代西式家居的舒适。

客厅面积较大，以枫木饰面板作为墙面的主材兼具了温馨感和田园感，对称式的造型避免缺乏层次也不会显得凌乱。

小面积的客厅，以绿色乳胶漆做墙面主材，搭配白色的柜子以及小型的盆栽，给人欣欣向荣的感觉。

格纹图案的壁纸搭配红砖壁炉清新而又具有田园风情，可见田园风格并不一定要是碎花的，若感觉乏味可以换种图案。

设计师在选择墙面漆的时候融合了蓝色和绿色两种颜色，调和出来的颜色既清新又具有春天的感觉，搭配红砖和白色布艺沙发，使人感觉十分舒适。

设计师将塑造田园氛围的重点放在了软装饰上，用条纹及花朵结合的沙发塑造主体氛围，墙面造型结合欧式特点，白色拱形造型搭配米色碎花暗纹壁纸，体现欧式田园的特点。

黄色的墙面使人感觉到阳光以及积极的情绪，家具采用混搭的形式，用花朵图案的布艺沙发搭配格纹的躺椅以及藤制的座椅，这样既能够渲染出田园韵味又不会显得过于单调，非常值得参考。

沙发和主题墙的壁纸都想用花朵图案的时候，一定要在大小上加以区分，如本案所示，不然会显得过于凌乱。

客厅中背景墙若为简洁类的造型，沙发的不同款式就可以改变整体氛围，搭配花朵图案的布艺沙发就充满了田园气息。

墙面和沙发采用了相同色系的主色，这样看起来有了一个统一的基调。而后做小范围的点缀，例如墙面上的鲜花装饰以及沙发上的靠垫，使田园氛围更为突出。

具有复古色彩的暖色调搭配，能够使客厅的田园氛围更多地偏向乡村感。

条纹壁纸选择了绿色和黄色结合的款式，搭配白色配有粉色碎花图案布艺的沙发，简单而又具有浓郁的田园气息。

TIPS： 田园风格的分类及特点（2）

美式田园风格又称为美式乡村风格，属于自然风格的一支，倡导"回归自然"，在室内环境中力求表现悠闲、舒畅、自然的田园生活情趣，也常运用天然木、石、藤、竹等材质质朴的纹理。巧于设置室内绿化，创造自然、简朴、高雅的氛围。

在材料选择上多倾向于较硬、光挺、华丽的材质。餐厅基本上都与厨房相连，厨房的面积较大，操作方便、功能强大。起居室一般较客厅空间稍显低矮平和，选材上也多取舒适、柔性、温馨的材质组合，可以有效地建立起一种温情暖意的家庭氛围。

欧式田园风格是所有田园风格中比较带有华丽感的一种，设计师用蓝色搭配白色来塑造，增添清爽感，同时又避免过于华丽而失去田园韵味。

黄色的墙面、碎花布艺沙发搭配带有原木纹理的家具，这样的设计非常简单，却具有浓郁的田园气息。

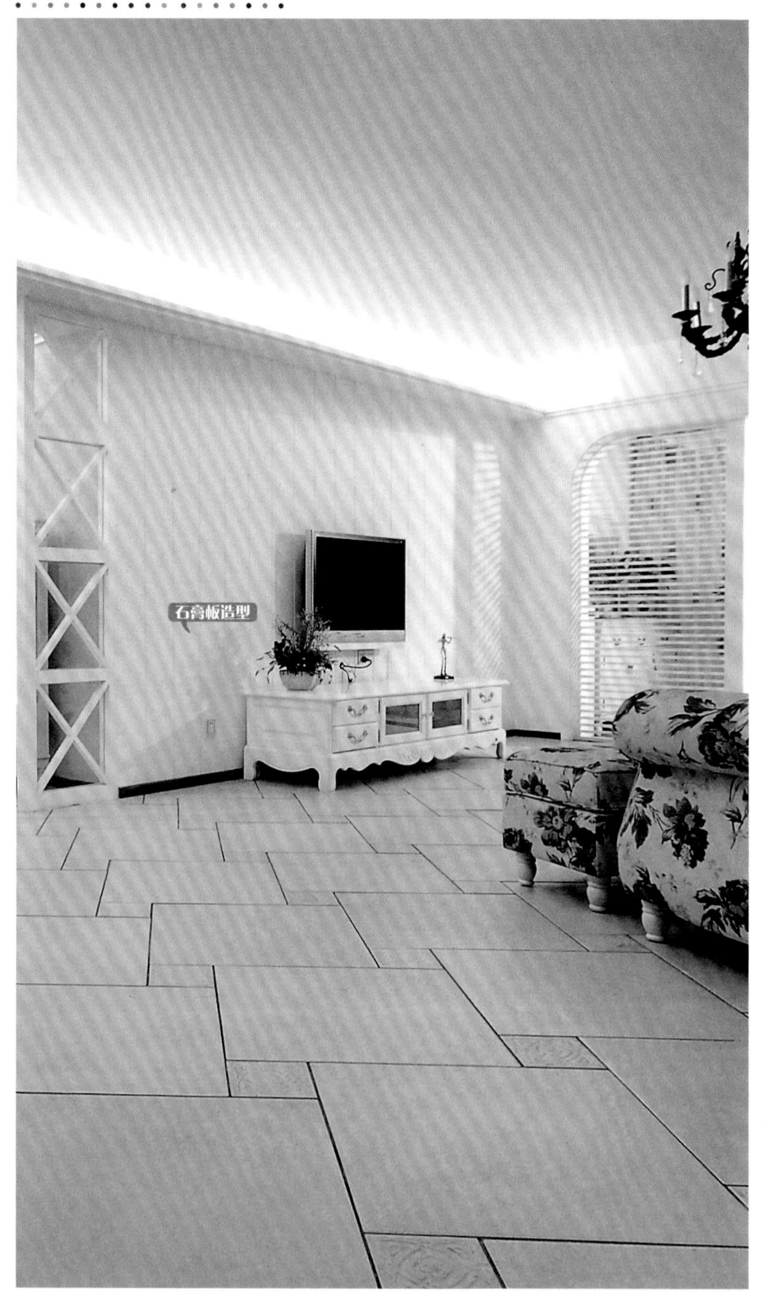

石膏板条造型配以白色乳胶漆饰面，简约而具有田园特点，白色的墙面能够更好地凸显家具的特点。

墙面与家具都是碎花图案的款式，但主色以绿色搭配蓝色，显得非常清新。

TIPS： 田园风格的分类及特点（3）

南亚田园。家具风格粗犷，但平和而容易接近。材质多为柚木，光亮感强，也有椰壳、藤等材质的家具。做旧工艺多，并喜做雕花。色调以咖啡色为主。

欧式田园。设计上讲求心灵的自然回归感，给人一种扑面而来的浓郁气息。把一些精细的后期配饰融入设计风格之中，充分体现设计师和业主所追求的一种安逸、舒适的生活氛围。客厅中通常大量使用碎花图案的各种布艺和挂饰，搭配欧式家具华丽的轮廓与精美的吊灯，墙壁上多用壁画或装饰。

如果客厅面积宽敞，可以将整面墙都采用红砖来装饰，搭配几样木质家具，具有浓郁的乡村风情。

以红砖和木质装饰做成框架的形式来装饰墙面，并搭配藤蔓式的绿色植物，非常淳朴、自然。

墙面装饰画的颜色与沙发相呼应，虽然客厅中花纹非常多，但却十分具有整体感。

壁纸与沙发都选择了条纹的款式，但是采用不同颜色和宽窄不一的形式，从而使这样的搭配既不显得凌乱又具有层次感。

小面积的客厅塑造田园风可以通过墙面的色彩，搭配具有田园特点的家具，特别是绿色搭配白色再点缀以粉色，非常清新且具有童话般的感觉。

米色为主调的客厅装饰，比起其他绿色、黄色与白色的搭配方式显得更为典雅、温馨。

塑造带有古典特点的田园风格时，例如法式田园、美式田园等，若客厅墙面比较宽，可以做一些简单的造型凸显其特点。

墙面和沙发都带有花朵图案时，需要从颜色或者大小上加以区分，例如本案中墙面的花纹就比较明显，这样做主次分明。

TIPS：田园风格的分类及特点（4）

法式田园。数百年来经久不衰的葡萄酒文化，自给自足、自产自销的法国后农业时代的现代农庄对法式田园风格影响深远。法国人轻松惬意，与世无争的的生活方式使得法式田园风格具有悠闲、小资、舒适而简单、生活气息浓郁的特点。

最明显的特征是家具的洗白处理及配色上的大胆。洗白处理使家具流露出古典家具的隽永质感，黄色、红色、蓝色的色彩搭配，则反映丰沃、富足的大地景象。而椅脚被简化的卷曲弧线及精美的纹饰也是优雅生活的体现。

以暖色系为主色，但墙面和家具采用了不同明度的同色系，这样搭配十分明快而又统一。

这种墙裙式的造型方式，具有英式田园的特点，搭配红色条纹沙发和做旧木制柜，具有绅士感。

小户型的客厅墙面的色彩搭配宜尽量简单一些，设计师虽然采用了三种材质，但是两种主色，统一中具有变化。

造型简洁的壁炉装饰，非常适合用在有一定面积的欧式田园风格客厅中。

设计师用石膏板为基层，做出大块面的凹凸造型，背部暗藏灯槽，并采用两种颜色的壁纸进行搭配，兼具了田园韵味和时尚感。

以树木为图案的壁纸，搭配花朵图案的沙发，使人犹如置身于森林之中。

设计师用墙面以及地面的色彩塑造出田园的基调，而后搭配大花的布艺沙发，来增强田园韵味。

TIPS：田园风格的分类及特点（5）

韩式田园。多用含蓄的色调，含蓄优雅的韩国女性喜欢粉色的色彩搭配，粉蓝、粉绿、粉紫、粉黄等淡雅的色彩，带有城市的浅米色、浅咖啡色调也相当流行，它们所传达的是一种优雅品味。除此之外，“花”是韩式田园风格的一大特点。墙面或家具饰面上多出现花朵图案。绿色植物经常出现在客厅、厨房、餐厅中的任意角落为家增色，形成错落有致的格局和层次。造型上多采用简洁硬朗的直线条，直线装饰在空间中的实用不仅仅突出现代人追求简约生活的居住要求，更迎合了韩式家居追求内敛、质朴设计风格。

墙面装饰也是墙面造型的一部分，设计师用木雕来搭配田园风格的家具，显得更有品味，也符合田园的主题。

厚重的法式田园风家具，需要客厅宽敞且明亮，设计师用米色的墙面与其搭配，显得更为温馨一些。

客厅面积较小，但是采光很好，设计师将墙面分成了两部分，一部分粘贴壁纸，搭配橙黄色的花朵沙发，具有淡淡的田园风情。

白色墙面搭配与田园有关的彩色手绘十分个性，且经济实用，很适合年轻人。

条形的石膏板造型与壁纸搭配避免了单一材质的单调感，简洁的造型不会破坏田园主题。

条纹壁纸搭配条纹图案的布艺沙发，统一中具有变化，塑造出浓郁的田园情调。

墙面以米灰色为主色，白色做点缀，明快而又不乏温馨感，使花朵图案沙发的主体地位凸显得更明确。

TIPS：田园风格客厅的色彩设计（1）

由于田园风格的墙面造型设计上比较简洁，多采用壁纸及乳胶漆做主材，墙面的色彩是不可忽视的设计部分，常见主色有浅蓝色、绿色、粉色、琥珀黄以及丁香紫。

浅蓝色：这种蓝色的色彩饱和度不高，在墙面上大面积使用时能够增强房间的空间感和明亮度。选择这种墙面色彩，房间里可以搭配色彩亮丽、材质多样的家居品，并起到很好的衬托作用。

色彩搭配建议：在浅淡色的空间里，深重色木质和铁艺家具能制造空间的重心感，珊瑚色花纹或条纹布艺能调节较冷的空间气氛，清透感饰品具有很好的提亮作用。

墙面壁纸与沙发的色彩明度接近，给人稳定、统一的感觉，墙面壁纸偏蓝色，沙发为米色，舒适而又具有细微的层次。

醇厚的绿色墙面具有浓郁的生机感，搭配天然麻料的布艺沙发和红色的靠垫，具有自然韵味。

白色石膏板造型搭配仿砖墙拼接的墙砖，简约而又具有田园风情，交叉的木线造型调节了层次感。

藤制底座的沙发搭配仿古砖和彩色格子图案的坐垫，渲染出舒适的田园氛围，为了让这样的搭配更突出，墙面仅采用白色乳胶漆。

用木线直接钉在白墙上做装饰非常经济，且效果很适合田园风，搭配一个开敞式的架子，增强实用性。

绿色墙面搭配原木色的家具，给人春天般充满生机的感觉，绿植做点睛之笔。

一居室结构的客厅，墙面非常窄，设计师选择大地色系装饰墙面，而后以格纹的窗帘搭配条纹沙发塑造田园感。

以鸟为图案的壁纸为客厅空间带来了生机，搭配原木装饰，在现代空间中体现田园风。

窗帘以及沙发的色彩都非常活跃，带有田园特点，因此，墙面仅采用了米色暗纹壁纸搭配白色石膏板做主材。

不用过于复杂，将墙面涂刷乳胶漆，搭配一个田园风格的电视柜以及其他家具就能够塑造出田园风情，另外米色的乳胶漆比白色的显得更温馨一些。

淡雅的黄色墙面搭配白色与绿色结合的沙发组，明快而充满春意，金色太阳造型的装饰，既呼应主题，又能够增添时尚感。

想要结合现代感与田园风，可以用浅灰色的墙面搭配带有碎花图案的沙发，其他家具搭配一两件白色的即可。

设计师在墙面上用石膏板做出带有拱形的造型，但整个墙面都采用了白色乳胶漆，这样造型部分既增添了层次感，又不会显得特别突出。

米色的墙面使整个客厅都洋溢着温馨的气氛，在舒适的氛围中加入带有田园风格的沙发更显休闲。

美式田园风格的客厅，墙面上可以出现一些木纹类的材质，搭配带有做旧处理的家具，田园味会更浓郁。

客厅的采光非常好，因此设计师选择了厚重的美式田园风格的家具，为了使轻重平衡，墙面采用浅色系材质。

乡野田园中最常见的就是绿色的植物和各色的花朵，用这两种元素装饰客厅就可以简单地塑造出田园韵味。

用松木板和壁纸在乳胶漆墙面上做内凹的造型，增添了墙面的层次。

TIPS： 田园风格客厅的色彩设计（2）

浪漫的粉色：在墙体的粉色中增添灰度，会令温柔的质感增添几分成熟与淡定。采用粉色做墙面主色时，可以搭配透明轻盈的白色家具与布艺，令空间透气清爽，点缀几件黑胡桃小家具与桃红花卉靠包，居室显得更为妩媚而活泼。

色彩搭配建议：可用明亮的白色家具对比略带灰度的粉珍珠色墙体，带来透气感。

还可以搭配桃红色沙发布艺，配以活泼的花卉图案，使房间局部更为鲜亮。

柔和的背景色塑造出舒适的氛围，粉色、绿色搭配米色的沙发，具有显著的田园特点。

设计师处理墙面的时候没有经过面层的处理，直接露出砖墙的纹理，表面以涂料饰面，搭配花朵图案的白色沙发，淳朴而充满春意。

古朴的色调搭配塑造出具有古朴感的客厅氛围，做旧处理的柜子是茶几的点睛之笔。

木纹饰面板为造型中心，周边搭配黄色石膏板造型，轻重两种颜色的结合具有轻快感，避免全部木纹的单调和厚重。

家具无论从造型上还是颜色的搭配上都非常具有淳朴的田园感，色彩搭配十分吸引眼球，用白色墙面可以更加凸显这种韵味。

白色墙面上以乳胶漆勾画出一段线条，搭配几个海洋风装饰和田园风的柜子，效果清新、自然。

淡雅的绿色墙面搭配壁灯，使平面的墙面呈现不同的光晕层次感，充分印证了光设计对墙面效果的影响。

TIPS：田园风格客厅的色彩设计（3）

丁香紫色：丁香色这种浅浅的紫，能令空间显得娇柔淡雅，与温暖而古典的木质家具搭配，能彰显出一种优雅从容的味道。

用它做墙面的主色，而后点缀些明亮的黄绿色调配饰或青花瓷器，能大大提升空间的明度与彩度。同时能为田园风格带来一丝妩媚和神秘感。

色彩搭配建议：用原木色家具和深色窗帘的厚重质感搭配丁香紫，可以与轻盈的丁香色墙体起到平衡作用，而后可以点缀白色灯具和软装饰，提亮空间。

大地色系的棕色壁纸，能够为客厅带来沉稳感，搭配花朵图案的沙发，具有自然气息。

黄色和白色搭配的墙面配色，温馨而不乏明快感，柔和的色调非常适合小面积的客厅。

柔和的绿色沙发与淡雅的黄色墙面搭配，对比感不会过于强烈，具有田园风的柔和感。

清雅的田园感来自于花草图案的装饰画和布艺，纯净的色彩搭配感觉十分舒适。

墙面以浅绿色为主色，局部搭配白色做调节，塑造田园基调，以醒目的花朵图案沙发做主体装饰，做重点田园装饰。

田园式的诗意栖居并不意味着回到原始，设计师将现代元素注入田园风格中，展现田园时尚的别样风情，使家真正成为心灵的绿野仙踪。

米色的碎花壁纸与白色搭配比起白色搭配绿色、黄色等要更温和一些，如果家里人员的年龄跨度大，这样的色彩都能够接受。

柔软的布艺沙发，米灰色的墙面组合出舒适的田园基调，用大小组合的装饰画来丰富墙面层次，并且可以随时变换。

本案设计上讲求心灵的自然回归感，给人一种扑面而来的浓郁气息。把一些精细的后期配饰融入设计风格之中，充分体现设计师和业主所追求的一种安逸、舒适的生活氛围。

设计师结合业主的需求与喜好，把田园风格的休闲、随意、朴素、自然的理念进行了全方位的诠释。

墙面白底的花朵图案壁纸透露出田园风格的清爽、干净、自然与温馨。粉色的座椅、格子布艺沙发也是田园风格中常用的。

TIPS：田园风格客厅的色彩设计（4）

琥珀黄色：用浅高亮度的淡黄色装饰墙面，能够带来宽敞的空间感，用在田园格调的家中，尤其具有柔和的质感。

碎花图案的窗帘、格子布艺的沙发、旧木质地的老家具，经由淡黄色墙面的衬托，能够显得异常甜美温暖。

色彩搭配建议：布艺沙发和窗帘选择红色，搭配墙面的黄色，家具选择温暖的旧木色能够营造出温暖而田园的意境。软装饰可以搭配一些带有青蓝色图案的款式，以冷色做点缀，能够平衡视觉感，增添清爽感，使氛围更为舒适。

藤制的家具搭配白色的墙面简约而又不乏田园感，用石膏线在墙面做造型，既丰富了层次感又不会过于醒目，破坏整体感。

白色的墙面能够使采光充足的空间显得更加开阔，给人好的心情，宽敞的墙面用实木材质的装饰镜搭配花朵图案的装饰画，塑造出田园韵味。

设计师以舒适美观的墙面配色为主调，打造出具有舒适感的田园风情，本着实用、舒适原则的同时，体现一定的家居品味，造型以及软装搭配上不仅注重居室的实用性，还体现了现代社会生活的精致与个性。

本方案寻找欧式元素的优化，组合成田园脱俗的气质，减去了过多的花哨点缀，突出风格重点。利用优雅的碎花，沙发背后的造型结合了欧式的元素，没有过多的色彩与装饰，利用浅淡的颜色和优雅的碎花与风格环环紧扣，从而使整套方案发挥得淋漓尽致。

无论是客厅的墙面、浅色的布艺沙发还是白色的家具、再到一些艺术感极强的装饰品，无不共同营造出浓郁的田园风。

具有厚重感的美式沙发具有浓郁的淳朴气息，搭配浅米色的墙面，给人舒适的田园感。

TIPS：田园风格设计误区（1）

把欧美田园风格塑造成宫廷风格。田园风格主要是体现温馨、舒适感，最重要的是朴实自然，欧美田园更多带有一些欧美风格的元素。但是很多人都只有一个欧式的概念，认为只要是带有欧式风格的东西堆在一起就变成所谓的田园，这是一个严重的误区。

华丽的铁艺水晶吊灯、拱门、罗马柱，石膏浮雕、仿古面砖，配上花纹浮雕，腰线等等都是属于宫廷风格，应用到田园风格中不会很协调，且若房间面积不大更显拥挤，而没有悠闲、随意的感觉，这些都不是真正的田园风格造型元素。

设计师用活跃色调的配饰来表现出田园风也是可以的，活泼的，纯净的背景色是塑造的关键。

菱形拼接的墙砖，为田园风格的客厅增添了一丝华丽感，自然的纹理不会显得过于呆板。

不是所有的田园风格都缠绵悱恻、锦若繁花，也不是所有的小空间居室都会选择平面式的造型，颜色及恰当的造型一样可以塑造适合小户型的田园风。

在此田园设计中，设计师将自然、休闲、大方的理念进行全方位的诠释，力求营造无拘无束的生活享受感。

迎面而来的清新感给人一种回归自然的感觉，整个空间明亮而不压抑，让业主在繁忙的工作后回到家有一种温馨惬意的感觉，木质色彩与柔和的背景色搭配让人宁静踏实。

设计师运用极具田园风格的恬淡清新色系墙面和富有动感的家具线条相结合，显得空间非常大气。

欧式田园以纯净的白为主调，附以幽雅的格纹沙发，宁静中的美丽透着天然的高贵与典雅。

设计师将软装作为装饰的重点搭配浅色墙面，简约而不简单，营造出舒适而不乏生机感的家庭空间。

碎花墙纸装饰的墙面清新而淡雅，避免了过于豪华造成的视觉疲劳。从铁艺的装饰到屋内的小摆设都与整体空间相协调，赋予了空间田园般的风韵，

将现代造型元素与田园风格的装饰相结合，塑造出具有时尚感和田园悠闲感的客厅空间。

设计师将客厅的重点放在了顶面和家具上，用它们来体现复古感，墙面放松设计，仅采用白色乳胶漆。

TIPS：田园风格设计误区（2）

提到田园风格，大家最先想到的通常会是碎花图案，特别是白底小红花的那种，甚至很多人把整面墙都贴上花哨的墙纸，使家感觉很像宾馆。还有人将沙发，床单全部用小碎花，然后配上石膏线条。这似乎都变成一种惯例。

实际上碎花仅仅是欧式田园一个有特点的代表，而且小碎花并没有想象中的那么普及，格子布以及一些简单的花色布、条纹布，甚至是一些单色布，若将颜色搭配好，都很好看，非常具有田园气息，田园风格所表现的本来就是朴实随意的东西。

用木线粘贴在水银镜上，制造规律的层次感，不会显得过于夸张脱离复古的精髓。

斑马纹的壁纸具有狂野的感觉，与欧式花纹的壁纸结合，融合了多种韵味的元素，使客厅呈现多元化的氛围。

设计师选择黑白照片装饰墙面具有一种古典的艺术美，为复古空间融入了时尚元素。

米黄色的石材是应用最为广泛的一种石材，若塑造现代中式客厅，不知道选择哪一种石材时，它是最保守的选择。

设计师将表现田园主题贴近自然，朴实的气息放在了收尾塑造出具有朴实、亲切、实在特点的客厅空间。

设计师将大自然的灵性融入到客厅设计当中，处处渗透出质朴与天然。崇尚原木韵味，外加现代、实用、精美的艺术设计风格，反映出现代都市人进入新时代的某种取向与旋律。

设计师注重实用功能，家具比较多，且色彩的搭配具有浓郁的田园风情，以白色做墙面主色，更能凸显出这些特点。

设计师选择了一款配色优雅的花朵壁纸装饰墙面，彰显出居住者的品位。

素雅高贵的墙面色调、舒适的木作配以清漆，温馨柔和的灯光，加以个性十足的家具，这些点点滴滴汇聚到有限的空间内，由设计师之手抒发着居室主人对浪漫生活的无限期待。

设计师通过展现自然朴实又不失高雅的气质，在室内环境中力求表现出悠闲、舒畅、自然的田园生活情趣。

简约的墙面，简单的色彩搭配，小碎花沙发和小碎花窗帘充满田园风情。

TIPS：田园风格设计误区（3）

墙砖的选择。在装饰田园风格的家居时，很多人都采用那种仿古面砖，配上花纹浮雕，有的瓷砖用印上那些带有欧美田园风格的一些图案或者装饰画，其实这些都不是真正田园风格的装饰元素。

如果选择用墙砖做主材来装饰墙面，塑造田园风格，更建议选用长谷瓷砖那种单色 10 厘米 ×10 厘米的小砖反而更有味道。施工时加 3 ~ 5 毫米的缝，可以尝试复古式斜铺。单色简单的东西看上去更耐看，更有味道。那些复古雕花、浮雕会显得太世故，且小面积的户型驾驭不了，会显得非常不协调。

客厅以求简洁为主，使用直线造型，使客厅更明快清爽，让人更多地感受到悠闲，舒畅，自然的田园生活。

设计师用温馨柔和的成套布艺装点，搭配清爽的墙面壁纸，满足装饰性和使用的舒适度。

设计师通过对客厅的墙面装饰及后期配饰表现出田园的气息，这里的田园并非农村的田园，而是一种贴近自然，展现朴实生活的气息。

设计师用造型将墙面分为上下两部分，下部分实用，上部分做展示，以体现生活情趣，马赛克的加入增添了自在的气息。

本案主要以暖色为主，在家具的选择上选择了绿色布艺的家具，局部配以带有淡彩的、贴近自然界色彩的饰品点缀，以及显著特点的小碎花，清淡的、水质感觉的色彩，能够让室内透出绝对自然放松的气氛。

本案的设计风格延续了田园风格中的缤纷色彩和细节装饰，将一个舒适、宜人、安宁的环境表达得恰到好处，充分体现了家的贴心感觉，体现了暗自华贵的气质。

为突显田园风格，客厅用格纹壁纸做装饰，并做简单造型，棚顶吊灯增加温馨的气氛，这也是整体装修中一大亮点。

白色田园风格家居搭配米黄色的暗纹壁纸，展现出温馨的客厅氛围。

壁纸与沙发局部色相呼应，碎花沙发给人以清新的感觉，白色茶几使客厅空间在视觉上增大。

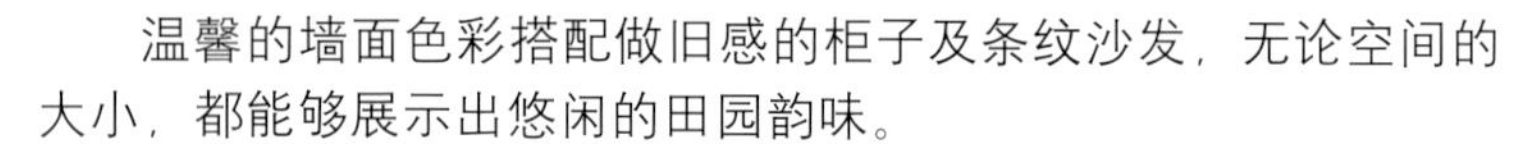

温馨的墙面色彩搭配做旧感的柜子及条纹沙发，无论空间的大小，都能够展示出悠闲的田园韵味。

简洁的线与面的墙面设计透着利落感，搭配白色与条纹组合的沙发，塑造出纯净而不繁复，简单而不失优雅的田园风情。

TIPS： 田园风格设计误区（4）

家具。类似田园风格这种轻装修重装饰的风格，家具是不可缺少的设计部分。很多人选择田园风格时，一定会搭配白色家具，其实这种白色系列家具也是一个误区，说起来，还是宫廷风格用白色的比较多，当然田园运用的也不少，但是并不单单限于白色的家具，自然类材质的家具其实都可以选择。

如果十分喜欢，买一整套白色家具有点太死板，白色家具配一些木色家具，建议木色家具不要配饱和度太高的那种橘黄色、咖啡色家具，选择一些偏灰色一点的木色，带点做旧的更好。

墙面以条形细木工板搭配白色混油为造型元素，并搭配带有角架的隔板衣架米黄色的原木柜，具有英式田园韵味。

选择一种具有代表性的田园色彩例如绿色、黄色，而后搭配一组比较显著的田园风格家具，特别适合小户型客厅。

黄色给人一种积极向上的充满阳光的感觉，搭配淡雅的格纹沙发，使客厅充满舒适感，属于非常个性的田园设计方式。

将田园元素与地中海搭配起来，能够塑造出兼具两者特点的装饰效果，清爽而又具有春的气息。

户主表示希望营造出唯美浪漫中带有时尚感的感觉，于是设计师采用两个精致的实木花装饰墙面，并以白色为墙面主色，搭配花朵图案的沙发和白色茶几展现混搭感。

整个设计注重细节，但不繁琐，注重空间的情调设计，用色不拘一节，充满春天般的生机感，生活的气息感极强。

墙面造型及选材图典／悠闲田园

第二章 餐 厅

现代居室中的田园风格设计倡导“回归自然”，只有结合自然，才能在当今快节奏的社会生活中获取生理和心理的平衡。因此田园风格力求表现自然的田园生活情趣。

体现在餐厅设计上，根据风格倾向的不同，多采用木纹饰面板、壁纸、乳胶漆等，造型上多以直线或带有拱形的造型为主，造型手法多简洁，搭配木质的餐桌椅，表现悠闲的用餐氛围。

淡雅的黄色墙面，使餐厅显得十分明亮，且符合田园的主题，给人充满生机的感觉。

设计师用小块的菱形墙砖装饰墙面，来搭配具厚重感的美式家具，体现美式田园风情。

TIPS： 田园风格餐厅的色彩设计

田园风格的餐厅与其他风格不同，表现的是一种随意的、亲近自然的感觉，墙面的颜色多以淡雅的色系或者稍带灰度的淡色系为主色为宜，最常见的是淡雅的绿色和黄色，这两种色彩最常见于自然界中，用来表现田园基调最合适不过。

特别强调的是，美式田园风格中，家具多采用厚重的木质，因此墙面色彩可稍厚重一点，但也不能够过于厚重，例如米灰色、淡雅的黄灰色、中黄色等都可以。避免采用厚重的色彩，过于冷硬或过于复古的色彩，这些都不适合用在田园风格的餐厅中。

餐厅比较宽敞，设计师选择了带有花朵图案的米黄色壁纸来搭配厚重的美式田园风格家具，使整体的重量感得以平衡。

餐椅上面带有花朵图案，并且色彩搭配非常引人注意，因此墙面的壁纸仅选择了米色的暗纹壁纸，不会显得凌乱。

用红砖搭配马赛克做背景墙，塑造出具有质朴感的餐厅氛围，搭配白色的餐桌椅，使色彩变得明快起来。

两种花纹壁纸搭配塑造出了层次感，采用绿色碎花壁纸搭配白色条纹壁纸，塑造出了一种栅栏上爬满植物的感觉。

餐厅中，家具的选择与墙面的设计是相辅相成的，以不同图案拼接的壁纸看上去不会那么整齐，因此搭配了蓝色的家具，可以增添一丝清爽感，使整体氛围更为协调。

以乳胶漆为墙面主材，简单地以石膏线做腰线装饰，再搭配田园风格的家具，就构成了欧式田园风格的餐厅空间。

设计师用格纹的壁纸与碎花壁纸相搭配，塑造出淳朴的感觉，又不会显得过于杂乱而使人感到厌烦。

简洁的直线隔板墙面搭配原木色的餐桌椅，塑造出具有简约感的田园餐厅，很适合小餐厅。

设计师将壁纸的花色与餐桌椅上的布艺颜色相搭配，使餐厅空间看起来更为整体。

顶面采用了实木假梁装饰，因为餐厅面积不大，设计师放松了墙面设计，仅采用了白色乳胶漆为主材。

餐厅的背景墙设计的非常有趣，采用内凹的造型做了一个假的飘窗，并搭配窗帘，兼具实用性和装饰性。

TIPS：田园风格餐厅墙面装饰的搭配

墙面装饰对于整个墙面的装饰效果来说是十分重要的部分，特别是仅靠色彩而没有任何造型和花纹的墙面，后期装饰是不可缺少的活跃气氛的一个步骤。

田园风格的餐厅中，通常墙面比较少做造型，可以用装饰画、藤制、木质、瓷器等固定在墙面上做装饰，以活跃气氛。从材质的选择上可以看出，虽然不同的田园风格适用的装饰种类略有不同，但是总的来说，除了装饰画最为常见外，其他的都属于自然类的材质，当然，还可以采用椰壳、贝壳等，更具个性。

淡雅米灰色的暗纹壁纸铺贴墙面，塑造出温馨又具有高雅感的氛围，同时用碎花布艺搭配白色餐桌椅彰显田园风情，餐厅中的氛围非常舒适。

设计师在设计墙面造型时，从实用角度出发，做成了柜子的形式，并搭配水银镜来开阔空间，而后用造型精美的带有花朵图案的餐桌椅来搭配，塑造田园氛围。

淡黄色的墙面搭配浅蓝灰色的柜子，营造出带有童话般感觉的田园氛围。

米色的墙面、餐椅搭配蓝白色组合的卡座，具有休闲氛围的田园餐厅就被塑造出来。

当餐厅的位置比较尴尬没有独立墙面的时候，可以将周围的墙面都采用同种图案的壁纸，使餐厅被包围起来，营造独立空间的假象。

窄小的餐厅，适合采用一些简单的田园风格，例如英式或者韩式，墙面喷涂乳胶漆搭配白色带花朵图案的餐桌椅即可。

中式田园风格的餐厅，塑造出一种返璞归真的氛围，用仿古墙砖搭配原木餐桌椅和顶面，很有乡村感。

TIPS：田园风格餐厅墙面主材的选择（1）

田园风格的餐厅，墙面主材的选择首先要根据主要风格而定，例如韩式田园、英式田园和法式田园的墙面造型上要求比较简单，墙面材质的色彩可选择壁纸或者乳胶漆，颜色不宜过于夸张，花纹不宜选择过于凌乱的款式；美式田园和中式田园则可适当的以木纹纸面板或者砖石作为主材。

根据风格选定相应的材料后，再确定材质的颜色，颜色可结合室内的面积或者墙面的面积进行选择，窄而小的墙面宜采用浅色，而略带灰色的颜色适合有一定宽度或采光好的餐厅。

这种稍显厚重感的墙面造型方式，适合明亮且宽敞的餐厅，反之则显得过于沉闷、压抑。

简单地将墙面涂刷成绿色，而后搭配白色带有碎花布艺装饰的餐桌椅，就可以营造出具有田园风情的餐厅。

如果餐厅的主墙面过于窄，涂刷白色或者浅色乳胶漆，搭配田园主题的装饰画是最为保险的做法。

比起白色来说，淡淡的米黄色更具温馨感，不会让人觉得过于明快，搭配稍具时尚感的田园风家具更显得协调、舒适。

拱形的造型墙搭配碧海蓝天为主题的壁纸，具有浓郁的地中海风情，搭配田园风格的餐桌椅，二者完美混搭。

用纯色组合的、没有花纹的墙面来搭配仿古地砖和带有花纹的餐椅，使餐厅的整体感觉更舒适，层次感明确。

餐厅的高度比较高，设计师采用了带有尖拱形的墙面造型，并采用三种材料混搭，使墙面层次丰富起来，避免过于空旷。

如果餐厅的面积不大，建议将塑造风格的重点放在家具上，墙面简单地搭配柔和的壁纸或者墙漆，能够使餐厅看起来更宽敞。

同时采用带有花朵图案的壁纸与家具，图案的选择上就要有主次，且墙面上的图案要显得十分规律，否则会失去主次感。

TIPS：田园风格餐厅墙面主材的选择（2）

除了将具体的田园风格作为选择主材的出发点外，还可以将主材的选择与墙面的造型相结合。

若餐厅的面积比较宽敞，墙面可以采用稍复杂一些的造型或者造型柜，此时，以凸显家具为主，墙面作为背景，可以选择浅色系、纹路不太明显的材质或者是白色的乳胶漆，若使用厚重的木纹，则容易偏离田园的主调。若餐厅的面积较小，家具的颜色也比较淡雅，墙面的材质花纹可以明显一些，仍建议选用淡雅的色调，或稍带有一点灰色的色系，例如米灰色等。

餐厅是个窄而短的空间，墙面采用了浅灰色的暗纹壁纸，使空间的长度拉开，比例更舒适，搭配木质桌椅展现田园感。

顶面和墙面的装饰都非常醒目，为了让空间的主次突出，不显得面面俱到，墙面仅采用浅黄色乳胶漆。

墙面悬挂一个展架，摆放磁盘做装饰，既符合餐厅的功能又能够增添田园氛围。展架的造型和材质十分重要，做旧木质的主材更符合主题。

餐厅的软装饰上都非常具有田园特点，因餐厅面积较小，因此墙面放松设计，以重装饰为切入点展现现代田园风情。

设计师用了很多具有代表性的田园元素来装饰餐厅，例如拱形造型、碎花壁纸以及带有大花图案的餐椅等。

田园风格更多的是一种轻松的带有田园气息氛围的营造，木质的墙面搭配竹子为主材的桌椅，非常具有田园风情，镜子的加入使空间显得更为明亮，也增添了一丝时尚感。

餐椅上的花朵色彩搭配十分活泼，墙面以及其他家具的色彩都能够从椅子上找到，这样的设计方式能够使空间显得更为统一。

白色的墙面搭配一个蓝色的带有干花装饰的假窗装饰，非常具有趣味性，也体现出主人对田园的向往。

圆润的垭口造型、马赛克装饰都具有地中海特点，设计师搭配典型田园风格的餐桌椅，用软装与墙面造型实现混搭，使两种风格融合得更为自然、融洽。

设计师以水银镜作为墙面让餐厅看起来更宽敞，同时用绿色马赛克勾边，与格子图案的桌布呼应塑造田园感。

拱形造型将墙面分成了两部分，中间部分采用花朵图案的壁纸，米灰色底色与家具质感呼应，外侧用红色乳胶漆增添活跃感。

TIPS：田园风格餐厅的造型设计

田园风格的餐厅墙面装修，在基础装修层面来说，与其他风格的基础装修相比没有本质区别，甚至从整体来说比之其他风格的装修还要相对简便一些。因为田园风格的装修原则上就是以"回归自然，不精雕细刻"为核心的。

并不要求有局部的，特意的造型，甚至要回避任何刻意的、人工的痕迹。但是也不能说田园装修就没有造型设计。田园风格的实现手段其实是需要更多的元素互相作用的。软装和硬装要同时兼顾，墙面造型，并以软装的布置为设计基准。

墙面上的白色置物架是田园风格中比较具有代表性的家具造型，用米色暗纹壁纸与其搭配，显得十分温馨。

设计师用墙面上的弧形转角来凸显田园风格的特点，家具结合了地中海与田园两种元素，使餐厅显得更为休闲。

设计师将卡座与墙面直接结合，用转角的位置，大大地提高了餐厅可容纳的人数，非常实用。

设计师选择将整个餐厅空间的墙面都涂刷成绿色，这样可以使门多的空间看起来更整体，搭配碎花布艺的家具来塑造田园感。

将固定座椅与隔板结合起来作为墙面的造型，兼具了装饰性与实用性，能够大大地节省空间。

TIPS：田园风格餐厅中绿化的布置（1）

田园风格表现的是田园风情，绿色植物就是不可缺少的可规划到墙面装饰的一部分。室内植物摆放方法有很多，但用在餐厅中的主要有几种方法：

1．重点装饰与边角装饰。所谓重点装饰就是将植物摆放于较为显眼处，如餐厅正面墙的柜子旁，而边角装饰则只摆放在边角部位，如墙面转角处，靠近角隅的餐桌旁。

2．结合家具陈设等布置绿化，室内绿化除单独落地布置外，还可与家具、陈设、灯具等室内物件结合布置，如放在柜子转角的吊兰和放在茶几上的盆花。

家具的颜色过于厚重时，想要塑造一种明快的感觉，墙面采用白色最佳，条形造型符合田园造型特点。

墙面的上下分两部分造型时，颜色的反差不宜过大，否则会使墙面看起来像两截，没有整体感。

绿色花草图案的壁纸，搭配白色的家具能够塑造出清新而又明快的田园风格，很适合采光不好的餐厅。

简约感的田园风，通常都是将白墙与带有纹理的家具结合起来塑造的，若厌倦了花朵图案，条纹、菱格等也是不错的选择，颜色上要体现出田园感就可以。

本案设计师意在凸显淳朴悠闲的田园氛围餐厅，竹子材质款式敦厚的家具、带有做旧感的壁纸以及铁艺吊灯等，都围绕这一主题进行设计。

墙面上的石膏板条造型，取自于白色的栅栏，搭配原木色的家具和花草装饰，使餐厅具有浓郁的田园氛围。

米色的暗纹壁纸非常温馨，搭配白色的家具和大地色的地砖，塑造出明快的田园氛围。

设计师选择带有绿色图案规律的条纹壁纸装饰墙面，搭配带有绿色的椅子，二者进行了呼应。

设计师选择具有田园代表性的浅绿色装饰墙面，而后搭配同样图案的碎花窗帘以及桌旗，大朵花朵图案的餐椅，使人仿佛置身于田园之中。

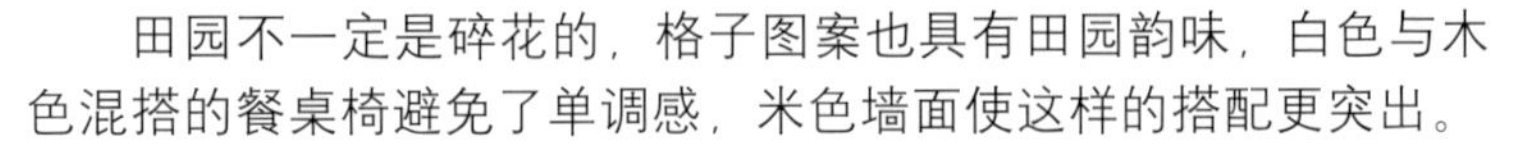
田园不一定是碎花的，格子图案也具有田园韵味，白色与木色混搭的餐桌椅避免了单调感，米色墙面使这样的搭配更突出。

设计师使砖墙露出了纹理，简单地涂刷白色涂料，搭配另一侧挂满绿植的墙面，充满了乡野气息。

TIPS：田园风格餐厅中绿化的布置（2）

3. 沿窗布置。靠窗布置绿色植物，能使植物接受更多的日照，并形成室内绿色景观，可以做成花槽或窗台上置小型盆栽的方式。

4. 悬挂布置。在墙面上安装固定架，铁艺的或者木制的均可，然后选择悬挂类的植物，例如绿萝、吊兰等放在架子上，成为墙面装饰的一部分，具有乡野情趣。需要注意的是，餐厅中最好不要选择带有花朵或者具有香味的品种，否则会影响食欲。

无论哪种摆放方法都要根据居室特点进行很好的设计，才能使植物融于居室、相得益彰，别出心裁。

以细木工板为底层的密排竖条式墙面比石膏板搭配乳胶漆的方式更具质感，使原木桌与铁艺椅子显得更具沧桑感。

米色底的碎花壁纸搭配白色细木工板造型，形成了两个层次，下半部分的纯色避免了碎花的凌乱，使餐厅装饰更为舒适。

家里人较多而餐厅面积不大的时候，可以将靠墙的部分做成固定卡座的形式，能够多容纳不少人，墙面上半部分采用白色暗纹壁纸，更具层次感。

加入灰色的蓝灰色隔断，具有一种老旧、淳朴的感觉，搭配原木与碎花布艺结合的餐桌椅，更具田园韵味。

带有奶茶香气的条纹图案餐椅比起碎花的、花朵图案的田园元素，显得更为典雅，搭配白色的乳胶漆墙面和角柜，更显温馨。

在田园风格的餐厅中，做隔板造型的时候，可以在下方放几个木质的或者铁艺的角架，更具田园特点。

墙面造型及选材图典／悠闲田园

第三章 玄关·过道

田园风格的用料往往崇尚自然，砖、陶、木、石、藤、竹等，越自然越好。不可遗漏的是，田园风格的居室还要通过绿化把居住空间变为“绿色空间”，如结合家具陈设等布置绿化，或者做重点装饰与边角装饰，创造出自然、简朴、高雅的氛围。玄关是一个家庭的脸面，在进行主要的墙面设计时，在主材的选择以及家具的搭配上，要能够彰显出田园风格的特点，使人能够从进门处就感受到悠闲的田园氛围。

设计师选用天然类的木纹饰面板，搭配砖红色的马赛克塑造质朴的、回归田园的氛围。

墨绿色的防火板搭配红砖图案的饰面板，中间以厚重的实木连接，具有浓郁的乡村气息。

TIPS： 玄关墙面设计方式

如果门厅对面的墙壁离门很近，常加以重点对象装饰，比如用壁饰、彩色漆或各种装饰手段，强调空间丰富感。如果门厅两面的墙壁离门更近，常做鞋柜、镜子等使用功能区域。

如果门厅用壁纸装饰，因触摸多，因此壁纸必须具备耐磨和耐洗性。墙面面积若比较大，可以采用上、下不同壁纸或漆不同色调，以增加趣味感，采用中性偏暖色调给人一种柔和、舒适之感。

主题墙重在点缀，切忌重复堆砌，色彩不宜过多。在较小空间的门厅，墙面可用大幅度镜子反射，使小空间产生互为贯通的宽敞感。

宽敞的过道中，以做旧感的木质柜子做造型中心，墙面搭配拱形造型以及铁艺吊灯塑造美式田园感，黄色与绿色藤蔓手绘结合的墙面是点睛之笔。

设计师在保证方案简洁的同时塑造了一个美式田园气息浓厚的空间，在简练的同时通过材质的细节来诠释对空间的理解。

玄关的面积不大，门占去了很大一部分空间，墙面全部以浅黄色的乳胶漆饰面，从进门就让人感受到舒适、温馨，简单地用水银镜和木质几案装饰出重点墙面，使空间有了主次感。

设计师用混搭的方式表现多元化的玄关空间，采用绿植、彩条墙砖的踢脚线来表现田园感，水银镜以及金属质感的柜子表现现代欧式特点，使田园风与尊贵感完美融合。

在白色墙面上，用绿色颜料做三叶草图案的手绘，增添了趣味性，使人犹如置身于藤架之下。

白色带有凹凸纹理的壁纸使墙面具有细微的层次感，搭配田园风格的吊柜和地柜，实用而又具有装饰效果。

设计师将门以及隔断墙的设计作为了过道墙面设计的一部分，用典型的拱形造型和不规则变化的形状，采用米黄色乳胶漆搭配少量马赛克塑造温馨的田园氛围。

设计师用浅黄绿色调搭配做旧感的白色装饰，塑造出玄关空间的田园感。

自然类的材料非常适合表现美式田园风格，文化石墙面搭配厚重的实木门以及装饰架纯朴的气息扑面而来。

TIPS： 如何设计个性玄关（1）

玄关的墙面设计是家居设计的一部分，因此其风格应与整个室内环境相和谐，并且玄关在很大程度上也是室内风格的一个缩影。设计个性的玄关有以下几种方式：

1. 从室内借鉴装饰元素。例如田园风格的玄关，室内采用壁纸和木制家具，玄关同样采用壁纸以及一个充满田园气息的鞋柜放在玄关，柜面上还可以放鲜花、装饰画等，功能装饰两不误。如果客厅装饰很休闲、朴实，那么玄关也不宜做得太花哨，乳胶漆墙面搭配稳重带木纹的鞋柜或者一只可爱的穿鞋凳，都是不错的选择。

浅蓝色的墙面搭配白色搁架以及绿色的柜子和植物，融合了田园风情和地中海韵味，同为自然元素所以结合得特别融洽。

设计师用颜色以及材料的质感来展现田园韵味，黄色的墙面以及带有做旧感的柜子和木门，体现出轻装修重装饰的概念。

小空间的玄关设计主要考虑的是功能上的重置，以及色彩格调上的和谐统一。让业主除了有美的享受外，更能够从进门就找到一种家的归属感。

此案例给人的第一感觉是清新自然，让人心情愉悦精神放松。米黄色的仿古砖，枫木墙面，白色乳胶漆，做旧感的装饰柜，让人们随时能够体会到一次浪漫唯美的快乐之旅。

设计师用白色的石膏板条将墙面全部覆盖起来，搭配做旧蓝色的田园风格衣挂以及白色鞋柜，实用而又非常简约。

以实用性为墙面造型出发点，将吊柜与地柜结合，满足不同储物需求，款式和色彩搭配体现田园风味。

设计师大胆突破了美式田园的厚重感，也减去了东南亚风格中的阴柔感。以淡雅、自然、浪漫的元素糅合在整个空间。由此构成了本方案，小清新但不失大气和品位。

设计师在设计墙面的时候，侧重于色彩的搭配，用浅黄色、天蓝色搭配白色，塑造出田园意境。

墙面的宽度较窄，设计师用白色木线造型的隔断延续了墙面的宽度，并形成虚实对比增添层次感，而后用绿植做点睛之笔。

TIPS： 如何设计个性玄关（2）

2. 选择自己喜欢的东西放在玄关。田园风格的玄关，可以选择一些自然界中自己喜欢的元素来装饰玄关。喜欢鹅卵石，可以准备一些铺在玄关地面以下，再随意点缀几只贝壳，上面以钢化玻璃覆盖，一种自然生动的生活情趣在一进门的时候就能深刻感受到，另外也可以粘贴在墙面上。喜欢摄影，可以挂一些以花草为主体的装饰画，增添田园气息；喜欢旅游，可以将自己游历途中淘到的具有纯朴感的宝贝放在这，并且可以不时更换。个性化生活赋予玄关独特的个人魅力，可以根据不同的情况尽情发挥。

本案主要打造的是舒适清新自然的空间感受，女主人很年轻一个人住，所以此设计带有女性的柔美和自然。墙面局部运用彩色手绘，跳跃活泼，和女主人的性格很搭。

玄关以淡绿色调为主，暖色的马赛克装饰显得很散漫，正如“浪漫随意”的宁静中藏着热闹，没有刻意的痕迹，也就是所谓的和谐自然。

浅蓝色的墙面搭配绿色柜子，塑造出融合了地中海风情与田园韵味的玄关氛围。

清新的小碎花壁纸搭配铁艺造型塑造田园氛围，在家具的选择上，明显的做旧，让人一眼看去就能感受到浓浓的美式田园味道。稳重大气，却又清新粉嫩。

设计师用简约的造型搭配壁纸，演绎着韩式田园文化特有的浪漫，纯真，宁静和自然。

过道空间比较宽敞，设计师用乳胶漆搭配细木工板条密排的造型来装饰墙面，搭配黄色做旧处理的柜子，塑造田园韵味。

主题墙采用浅黄色给人一种积极的、犹如阳光照射的温暖感，搭配红砖结合铁艺的简单造型壁炉，犹如回归了乡野之间。

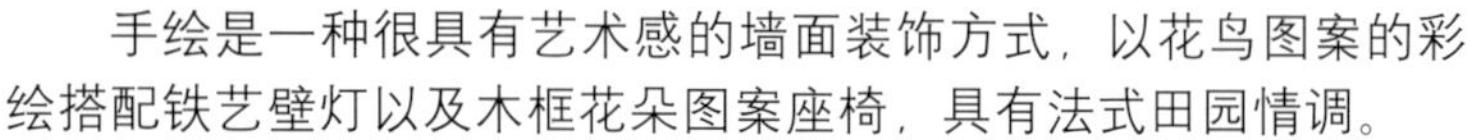

手绘是一种很具有艺术感的墙面装饰方式，以花鸟图案的彩绘搭配铁艺壁灯以及木框花朵图案座椅，具有法式田园情调。

以韩式田园风格的壁纸为主材，墙面其他设计又带了许多的小清新气息。整个玄关到处可见小花图案，田园气息非常浓厚。

TIPS： 如何设计个性玄关（3）

3. 如果室内面积较小，田园风格的玄关就宜装饰的简单一些，尽量避免会阻碍交通的装饰，墙面造型和选材也尽量简洁，装饰过多会造成凌乱感，也会影响来人对家里环境的印象。

如果玄关以及室内的空间都比较宽敞，可以用天然类材料做全隔断或半隔断式的设计，将隔断作为背景墙设计，并且形成完整的玄关概念，不仅可以满足基本使用功能，在装饰性上可以发挥的空间也更大。这里的隔断并不一定是造型的，还可以是悬挂的竹帘、草帘，可以充分发挥想象，从田园中进行取材。

本案采用的是欧式田园风格，米黄色的地砖与浅绿色墙壁，使空间清新感十足，白色的家具，又增添了浓郁的欧式风情。

本案设计师侧重于简约感的营造，过道墙面全部靠材质来表现田园感，没有任何造型，时间久了以后也不会让人觉得厌烦。

设计师选择了红砖、绿色藤蔓、白色格架、浅黄色乳胶漆等田园代表性的元素来装饰墙面，塑造清新而又充满自然气息的玄关空间。

在总体设计上呈现多元化和兼容并蓄的状况，家具布置呈现既趋于田园，又吸取复古的特征，墙面装饰与陈设融于一体。

整体空间的面积较大，以米色涂刷墙面能够使空间更温馨，搭配木质柜子以及多种绿植使田园风格的过道更具生活气息。

选择一种具有田园风格的墙面漆，搭配一个做旧感的几案，摆放一些有趣的小物，能够使过道空间充满情趣。

玄关的面积比较宽敞，设计师用融合了温和感和高级感的乳胶漆涂刷墙面，搭配一组田园风格的座椅，既能够做聊天之用，还能够让人从进门就感受到室内的悠闲气氛。

将隔断墙的中间部分挖空处理，做成了窗的形式，搭配条形密排造型和蓝色混油饰面，给人一种向外眺望风景的感觉。

密排的条纹造型用蓝色混油饰面展现出田园韵味，将墙面造型延续至顶面能够加强视觉冲击力。

TIPS： 田园风格玄关墙面颜色的设计

依墙而设的玄关，其墙面色调是视线最先接触点，也是给人的总体色彩印象，特别是田园风格的玄关，因为造型少，色彩是首先夺人眼球，表现风格特点的一个要素。

清爽的水湖蓝、温情的淡黄、浪漫的浅紫、淡雅的嫩绿，具有田园代表性缤纷的色彩能带给人不同的心境，也暗示着室内空间的主色调。

除此之外，若选择色彩时没有把握，最好以中性偏暖的色系为宜，让人很快摆脱令人疲惫的外界环境，体味到家的温馨。

设计师用色彩以及具有代表性的墙面装饰塑造出精致的田园风格，既具现代感，又带有乡村气息。

设计师用两种色调装饰墙面，大面积的白色搭配少量的原木色，结合圆弧形的造型，具有浓郁的田园风情。

确切地说，玄关的风格是时尚风与美式乡村的混搭，用大衣柜精美的门造型与做旧感的家具以及米色壁纸的对比，来实现田园与时尚的碰撞。

户型很特殊，入户腰线经过阳台，因此阳台也就成为了玄关，设计师选用略带仿古感的墙砖，搭配具有活泼感的条纹座椅以及悬挂的绿植，塑造田园氛围。

田园家居有着耐人寻味的柔美，碎花的使用点亮了家居的空间，让原本单调的墙壁有了恰当的装饰。

用松木板搭配乳胶漆，在过道的墙面上设计了一个带有拱形顶部的收纳柜，非常实用，同时能够强化田园氛围。

设计师将墙面做开敞式处理，因此过道的墙面造型被做成了两个带有弧形造型的垭口，搭配铁艺吊钟，具有朴素、回归自然生活的感觉。

以田园风格为主调，运用白色搭配碎花为主要元素，绿植与几案搭配来体现整个空间的层次感。

用具有显著特征的家具与软装饰来装饰过道墙面，非常适合喜欢新鲜感的人，软装饰可以随时更换。

TIPS：具收纳功能的田园风格玄关设计

玄关的收纳，指的是进出门时衣帽、鞋、伞具、钥匙、手机等物品的摆放或提取，因此它需要具备一定的便捷性。

如果玄关的宽度足够，田园风格的玄关特别适合做收纳式的墙面设计。具体作法是利用一面墙凹进去的部分或者直接在墙面上做一个白色或木色的整体柜，上面挂衣帽，下边放鞋或杂物，中间的部分采用乳胶漆或者全白的石膏板或者细木工板条形密排造型，将衣橱、鞋柜与墙融为一体，巧妙地将其隐藏，外观上突出个性与环境的和谐的同时，还注重感官给人带来的情调。

设计师将木纹饰面板作为墙面的主材，搭配同色系的壁纸，塑造具有田园意境的玄关空间，小装饰的运用增添了生活气息。

将隔断和背景墙结合设计很适合体现空间的特征，用颜料在白色的隔断上绘制图案非常具有趣味性，能够感受到轻松的、愉悦的氛围。

玄关做实用性的设计，内凹式的整体衣柜能够不占用地面面积提高空间的利用率，绿色墙面和白色栅格式的造型组合，具有轻松的田园风情。

田园风表现的是一种轻松的、愉悦让的、人有回归自然感的主题，设计师在过道的墙面上直接挖出拱形窗，摆放鲜花装饰，像透过窗看到外面田野的景色，非常具有田园气息。

墙面比较宽，设计师全部做成了柜子的形式，最大限度地提高空间的利用率，利用原木材质彰显自然气息。

用缓和的拱形做墙面造型，而后搭配兼具了实用性和装饰性的组合柜，显露出风格特点的同时也更能够满足生活需求。

设计师用彩色的玻璃砖搭配实木雕刻，为田园风格的玄关增添了一丝华丽和异域风情。

绿色的花草图案壁纸搭配做旧的铜盘装饰以及铁艺吊灯，展现出美式田园风格精美、细腻的一面。

用木质几案搭配同材质边框的装饰画组，具有浓郁的艺术感，绿色植物与墙面壁纸图案相呼应，充满春天的气息。

TIPS：田园风格玄关、过道壁纸的选择

因为有门的存在，通常来说，玄关及过道的宽度都比较窄，因此，设计田园风格的玄关，若选择壁纸做墙面主材的时候，宜避免选择一些会让人感觉凌乱的花纹以及暗沉的颜色。铺贴时，建议选择一面主墙做铺贴，而不要整个空间都采用壁纸，这样做能够使主次更加突出，进而显得空间宽敞一些。

碎花、规律的条纹比较建议用在玄关中，起到装饰作用的同时，还能够调和空间的比例，过大的花朵图案以及格纹等不太建议用在玄关中，会显得有些凌乱，分化空间的面积。

鞋柜加上装饰画是最适合小玄关的组合方式，搭配绿色花草图案壁纸墙面，就渲染出了田园风情。

设计师选择了一款黑白搭配山水图案的壁纸装饰墙面，比起碎花图案的田园风壁纸，更为个性还带有一丝时尚感，搭配做旧处理的实木柜，使田园风表现得更显著。

凹凸式的造型结构结合了地中海和田园两种元素，搭配做旧感的木质装饰柜和铁艺台灯，具有醇厚感但不会觉得过于沉闷，呈现出融合化的田园风格。

设计师将门侧的墙面全部利用起来，做成凹凸结合的拱顶造型，使人感觉家具和隔板像是嵌入墙内并不占用空间，即使做旧处理的柜子比较厚重，也没有沉闷的感觉。

墙面造型及选材图典／悠闲田园

第四章 卧室·书房

田园风格，追求的是一种回归自然的意境，室内以塑造悠闲的、具有自然感的氛围为主。田园氛围的书房和卧室，与其他风格一样，首先要满足使用需求，以实用性为出发点，满足使用功能的需求下，兼具装饰性。

田园风格的私密空间，通常以壁纸和乳胶漆作为墙面的主要材料，壁纸采用花朵类或者条纹图案的壁纸居多，塑造一种具有春意的氛围。

碎花壁纸是比较有代表性的田园元素，设计师选择米色底的碎花壁纸，倾向于温馨感的塑造。

房间面积不大，墙面全部采用相同花色的壁纸，使房间看起来更为统一，具有模糊界面界限的作用，而后用装饰画装点出重点墙面

TIPS：田园风格卧室常见主材（1）

铁艺：这是田园风格卧室中比较常见的一种材质，用于墙面上做装饰或者家具商，造型或为花朵，或为枝蔓，或灵动，或纠缠。用上等铁艺制作而成的铁架床、铁艺与木制品结合而成的各式家具，让乡村的风情更本质。

壁纸：砖纹、碎花，藤蔓，条纹、格子等，这些有着千变万化图案以假乱真的墙纸，能够给苍白的墙面带来无穷的生命力。贴有花朵图案的墙壁，可以为卧室提供一个充满悠闲氛围的田园基调，为后期装饰做一个良好的开端。

欧式田园风少了欧式传统风格的奢华感，清新的配色搭配精美的造型，更进一步表现出浪漫的卧室氛围。

用米黄色的墙面搭配白色的家具，具有明快、轻松的感觉，用花朵图案的床品来强化田园气息，表现简约感的田园风。

精美造型的铁艺床是田园风格中的一个代表元素，搭配木质床头柜和地板，即使采用蓝色墙面，也具有田园感。

具有温馨感的墙面色调，搭配实木为主的家具，塑造出具有温馨感和舒适感的田园风格卧室。

用造型石膏板塑造出石雕的感觉，这样做既能够满足想要的装饰效果，又可以节省资金且使卧室的质感更为舒适一些。用集成订制的造型搭配天然材质的家具，营造出一种身处田园的感觉。

本案设计师用乳胶漆作为墙面的主材，搭配天然类材质的家具，烘托出一种田园意境。

用墙面的色彩来表现居住者的特点，而后加入一些经典田园造型的家具，这样的搭配方式更适合儿童的居住空间。

田园风格的家庭中，若有儿童房，可以用色彩来表现孩子的性别特征，从而塑造整体氛围，而后搭配具有田园特点的家具表现田园特点。

蛋白涂料是一种非常具有装饰效果的墙面涂料，根据涂刷方式的不同能够塑造出非常自然的纹理变化，设计师用黄色的蛋白涂料装饰墙面，搭配绿色的荷叶图案手绘，给人一种秋天般丰收的感觉。

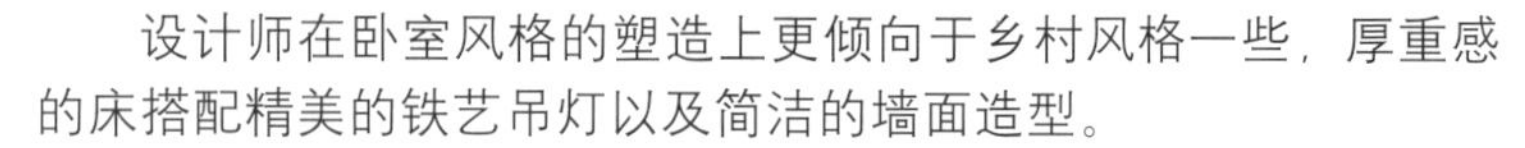
设计师在卧室风格的塑造上更倾向于乡村风格一些，厚重感的床搭配精美的铁艺吊灯以及简洁的墙面造型。

全部采用白墙能够彰显宽敞感，搭配精美的铁艺床具，简约而又具有田园气息。

TIPS：田园风格卧室常见主材（2）

原木：田园风格的最基本元素，也是首选材料。

旧的仿古砖：天然石料的现代仿品，表面有着粗糙质感，不光亮，不耀眼，朴实无华。施工时要留缝隙，特意显示出接缝处的泥土，以体现岁月的痕迹。

天然板岩：由天然石材粗加工而成，加以斧劈刀凿。它的自然古朴是设计师眼中的最爱，可用来做踢脚线，彰显细节。

彩绘：彩绘是家具上或墙壁上手工描绘图案，加之粉饰做旧漆或开裂漆，营造出整体家居的浪漫或民俗风格。

设计师综合了简欧以及田园两种风格的特点，用材质和造型将两者结合。

绿色是田园风的典型代表色彩，用粉色与绿色搭配，塑造出具有童话般氛围的女孩卧室。

现在的田园风格，更多的是一种氛围的营造，在简约的空间中，采用花草的颜色来搭配软装饰，白墙上叠加彩色花草手绘，也是一种田园气息的塑造手法。

田园源于自然，绿色是非常具有代表性的色彩，墙面以及配饰采用不同纯度的绿色，搭配木质装饰和少量的白色，塑造出典型的田园空间。

床是卧室中的主角，有的时候仅仅是更换不同的床上用品，就能够塑造出不同的空间氛围，花朵图案的床品搭配白色墙裙式的墙面，具有清新的、充满春意的田园感觉。

以类似红砖色彩的颜色涂刷墙面，搭配做旧处理的铁艺床，塑造出具有纯朴感的田园氛围。

白色与绿色搭配的家具，具有田园特点，同时减轻了灰色墙面的沉闷感，使整体看起来更为明快。

如果不喜欢壁纸，塑造田园风格的卧室，可以用乳胶漆装饰墙面，而后搭配一些具有田园感的家具。

碎花壁纸搭配白色家具，属于韩式田园风，这样的组合方式给人的感觉非常清新舒适。

找一种能够迅速让人联想到田园风格的色彩，非绿色莫属，用绿色的墙面搭配同色系的软装饰，使人感受到浓郁的田园氛围。

韩式田园风格主要以白色的家具为主，墙面搭配碎花壁纸以及碎花床品，就能够塑造出田园气息。

TIPS：田园风格卧室常见主材（3）

花色布艺：棉、麻布艺制品的天然质感恰好与田园风格不事雕琢的追求相契合，而花鸟虫鱼等图案的布艺则更体现出田园特色。材质上本色的棉麻是主流，花色上单色不再流行，各种繁复的花卉植物，鲜活的小动物和明艳的异域风情图案更受欢迎。

藤草：具有天然气质、柔软、坚韧的藤制材料，简单实用展现了最本质的女性气质，让田园风情扑面而来。

花卉：将一些干燥的花瓣和香料穿插在透明玻璃瓶甚至古朴的陶罐里，作为装饰品与墙面组合起来，更具田园气息。

中式田园风格，倾向于表现淳朴感，例如米黄色的墙面搭配砖红色的床，给人回归乡村的感觉。

绿色作为卧室的主色，搭配木质家具，并不一定要面面俱到，只要抓住两点就可以简单地将田园气质表现出来。

用粉色来搭配绿色，是近年来比较流行的一种田园色彩搭配方式，非常适合用于女性居住的空间。

白色的家具具有典型的田园特征，即使搭配粉色，也能够表现出田园氛围。

设计师将美式乡村风格与田园风格结合起来，塑造出既具有厚重感又具有休闲风的卧室空间。

绿色墙面搭配铁艺家具，是手法简单但十分具有田园韵味的装饰方式。将包包作为装饰悬挂在床头，增添了生活气息和趣味性。

用深灰色做墙面的主色，为田园氛围的卧室增添了一丝现代感，搭配蓝色床品，十分适合男士卧室。

采用田园风格的家具，搭配灰色墙面与粉色和白色结合的床具使卧室融合了田园、女性的柔美与男士的刚毅。

以白色搭配绿色作为田园风格的切入点，加入少量的水银镜，增添了现代感。

田园风格中，条纹壁纸的选用不宜过于现代，纹路的变化宜平和，等宽的样式更为合适。

厚重一点的暖色调壁纸与白色的家具搭配，具有稳定而舒适的感觉。

TIPS：适合田园风格卧室的壁纸花色

壁纸可以说是在田园风格的卧室中，最为常见的墙面主材，花纹上多以碎花、条纹最为常见，其实还可以选择一些格子、仿砖石或者原木纹理、规律的花朵图案以及菱格纹图案等，主要以展现一种随意的、悠闲的意境为主，图案上规律一些，使人感觉轻松即可。

卧室与其他的家居空间不同，它属于私密空间，因此，壁纸的颜色选择上，比其他空间的限制要大一些，最适合选择淡雅的色彩，例如具有田园代表性的淡绿色、蓝色、黄色、粉色等，厚重一些的暖色系尽量不要用在卧室中，具体设计时还应根据居住者的年龄进行。

在进行家具的搭配时，参考了墙面壁纸的两种色彩搭配方式，使卧室的装饰效果更整体。

设计师用底色与图案相近色的壁纸来装饰墙面，在温馨的大环境中给人一种稳定而又具有微小变化的感觉。

田园风格的另一个元素就是天然类材料的应用，例如原木、文化石等，设计师用松木纹路的壁纸来代替松木板装饰墙面，环保而又具有相似的装饰效果。

蓝色、白色，点缀少许绿色，卧室中充满了清新感，设计师以色彩作为重点，塑造出结合了地中海与田园两种感觉的卧室。

温馨的碎花壁纸，简洁的墙面造型，田园氛围并不需要过于复杂的墙面装饰，重在氛围的塑造。只要家具的造型和色彩具有田园特点就可以。

墙面和软装饰都采用白底碎花的款式时，家具的颜色可以稍厚重一些，从而使整个空间显得更为协调，不会混乱。

类似于扎染布料上面的蓝色被作为卧室中的主色，搭配木质家具，塑造另类的田园风味。

卧室的面积比较宽敞，设计师选择一款两种绿色条纹搭配的壁纸做墙面主材，渲染出田园气息的同时也不会显得缺乏层次。

设计师以地中海风造型元素装饰墙面，而后搭配具有田园特点的家具，来塑造兼具清新感和休闲感的卧室空间。

壁纸的底色具有一种做旧的感觉，花纹选择花枝图案，用墙面的装饰塑造出充满春天感觉的田园氛围。

设计师将田园风与少量欧式装饰结合，塑造出具有柔美感的卧室空间。

TIPS：田园风格卧室及书房的造型设计

田园风格的卧室及书房中，造型设计的存在通常分为两种情况。一种主要是为了满足实用性需求，例如各种隔板、格子等，作为展示或储物用途的造型。

另一种是为了满足装饰性，多出现于美式田园风格中，造型并不复杂，多以墙裙的形式出现，以石膏板或者细木工板为基层，采用条形为单位，中间留一定距离，进行密排，高度稍高于床头，上部分以线条收口，面层以乳胶漆、混油或者木纹饰面板饰面，具有典型的田园特点。

黄色给人温暖、向上的感觉，犹如太阳，用黄色做墙面主色，再搭配一些带有绿色的软装，也可以塑造出田园氛围。

规律的碎花图案搭配白色底色，是典型的韩式田园风格的元素，加以花草图案的装饰画做点缀，更具春意。

浪漫的粉色墙面，搭配粉色和绿色组合的软装饰，塑造出童话般的田园风卧室。

木质墙裙造型具有美式乡村的特点，设计师用蓝色与其搭配，融合了地中海的清爽。

田园风格是一种追求回归自然意境的风格，因此，墙面上仅有少量甚至没有造型设计，代表性的壁纸为规律的碎花，搭配铁艺家具更具精致感。

墙面采用纯色为底色时，床品或者软装饰上面的花纹就可以采用碎花款式，这样就不会觉得过于凌乱，还具有田园风格特点。

儿童房的装饰宜尽量的轻松一些，设计师采用粉色和白色搭配的条纹壁纸为墙面主材，塑造出具有童真的浪漫卧室氛围。

设计师将塑造田园风格的重点放在了卧室中的主角——床上，采用带有碎花的床具，墙面用蓝色增添清爽感。

为了配合田园的主体风格，书架采用了简洁的隔板形式，用灯光来调节氛围，搭配碎花壁纸，简约而效果出众。

最经典的田园风壁纸是淡雅底色且以花草为图案的壁纸，用这样的壁纸装饰墙面，并搭配白色的家具就能够塑造出田园风。

美式乡村风格最具典型的代表元素就是自然材质的使用，例如案例中的藤制家具，搭配黄绿色主色，更具田园感。

TIPS： 田园风格卧室的选材之布艺（1）

纷繁唯美的花卉图案布艺，首先可以奠定田园风格卧室的基调。苏格兰格纹是英式田园风格的永恒主调之一，若再搭配浅橙色格纹窗帘，能够为卧室空间注入更多经典田园风格元素。

碎花，是田园风格家装不变的主题之一，无论是英式田园风格或是韩式田园风格，总能看到这一甜美图案。纯白色的床品，是与碎花软装一同装扮出田园风格的最经典组合。

繁花图案的布艺可搭配红色格纹的地毯以及古朴格调的木质床架，更多地流露出乡村气息，让卧室回归田园风格的温馨、淳美。

设计师用淡雅的蓝色与白色搭配的条纹壁纸做墙面主材，搭配同样配色的家具，使卧室充满清爽、舒适的感觉。

追求浪漫感的田园风，可以在墙面简单地做一些具有欧式特点的造型，而后搭配带有碎花图案的白色家具。

选择冷色系的家具时，墙面宜搭配淡雅的暖色系，使室内感觉不会过于冷清，失去田园风格舒适的氛围。

乳胶漆采用了蓝绿色，兼具了蓝色和绿色两种特点，搭配白色的家具，塑造出具有清爽感的田园卧室。

羽毛图案的壁纸十分具有趣味性，与一般将植物作为元素的壁纸不同，将动物元素作为图案的壁纸更活泼一些。

绿色为主色，用在墙面和床品上，搭配厚重的木质家具和铁艺装饰，这样的田园风卧室更适合老年人。

淡雅的竖向条纹壁纸，塑造出了田园的基调，满铺墙面的方式，使房间的整体比例看上去更为协调。

居室氛围的塑造不一定非要依靠整体性，如图中带有绿色图案的床凳，少量的装饰也可以点出主题。

浅米色的壁纸墙面使人感觉到淡淡的温馨，用直线造型简单的装饰，具有层次感，也不会破坏田园韵味。白色精致造型的家具可谓点睛之笔，再搭配花朵图案的床品，塑造出浓郁的田园氛围。

设计师选择一款造型精致的铁艺床，床头部分十分出彩，因此墙面仅采用乳胶漆做主材，并没做任何造型，以凸显主题。

塑造具有简约特点的田园风卧室，墙面采用绿色的乳胶漆，搭配简约的白色木质家具就能够达到效果。

TIPS：田园风格卧室的选材之布艺（2）

粉红色是韩式田园风格代表性的色彩之一，而这种小女生气息的颜色用碎花图案加以表现，更显甜美、温馨。若床品用以碎花元素搭配纷繁美丽的碎花壁纸为主材的卧室背景墙，整个卧室就会宛如花的海洋。

并非只有粉红色能表达出田园风格的甜美，浅蓝色花纹图案的布艺装饰，比起粉色田园风，更多了份清澈。搭配实木框架床，能够营造出别样的优雅情调。带着秀美红花的窗帘搭配红色格纹的单人沙发和绿色床品与床架，能够刻画出带有圣诞气息的田园风格卧室。

如公主居住的卧室般，小碎花的壁纸搭配带有纱帐的床，很适合给女孩居住，也是美式田园风格的一种代表。

棕色的墙面源自于大地色系，搭配厚重的木质家具，塑造出具有醇厚感的田园氛围。

淡粉色的墙面，搭配白色的精美家具和粉色碎花的床品，具有浪漫感和田园的随意感。

为了避免单调，设计师用绿色条纹靠枕搭配绿色墙面，调节层次感和氛围。

密排石膏板组成的墙裙，类似于田园小屋外栅栏的造型，搭配具有田园感的家具，轻松地塑造出了田园氛围。

设计师更多地用软装饰来塑造空间的主题，墙面采用米灰色壁纸，提高容纳力，为后期的装饰布置提供良好的环境。条纹与碎花结合的布艺，不会显得过于单调，用两种经典的田园元素点出了主题，红色边的使用，增添了一点妩媚感，符合居住者的身份。